島大学島嶼研ブックレット

4

TOUSHOKEN BOOKLET

生物多様性と保全－奄美群島を例に－（上）

陸上植物・陸上動物・基礎 編

鈴木英治・桑原季雄・平 瑞樹
山本智子・坂巻祥孝・河合 渓 編

まえがき

九州南端から鹿児島県南端の与論島まで連なる薩南諸島は、複雑な地史、暖温帯と亜熱帯の境界部にあり異なる温度環境を持つこと等から多くの固有種・希少種が存在し、その学問的・生物資源的な価値はきわめて高い地域です。特にアマミノクロウサギ等が生息する奄美群島には生物多様性が高い独自の生態系があり世界遺産候補地となっています。

鹿児島大学では「生物多様性」、「環境」、「島嶼」、「奄美群島」を平成二八年度から始まる第三期中期計画・中期目標の重点項目の一つとしています。そのような環境のもと、鹿児島大学は奄美群島を中心とした薩南諸島の生物多様性の維持機構を解明し、そのための教育研究拠点を強化する目的で、平成二七年文部科学省特別経費（プロジェクト）「薩南諸島の生物多様性とその保全に関する教育拠点形成」を推進しました。

このプロジェクトでは国際島嶼教育研究センター奄美分室の設置に協力するとともに、鹿児島大学の各学部や学内共同利用施設などに所属する四六名の教員が参加して、五つの分野（基礎、人と自然、陸上動物、陸上植物、水圏）の研究・教育を進めています。本プロジェクトでは、各自の視点から生物多様性に関する研究を行うとともに、その成果を一般市民に還元するということが大きなテーマとして挙げられています。

平成二七年度の具体的な活動の一つとして、平成二七年五月から平成二八年四月にかけて毎週一度「生物多様性と保全―奄美群島を例に―」というコラムを地元紙である南海日日新聞にプロジェクトに参加する研究者が分担し執筆してきました。これらすべてのコラムをまとめたのが、このブックレット「生物多様性と保全―奄美群島を例に―」（上・下）二冊です。

このブックレットが、奄美群島民だけでなく、多くの人々に奄美群島を中心とした薩南諸島における生物多様性の重要性とその素晴らしさを理解していただく手助けになれば、執筆者一同幸いに思います。

最後に、本ブックレットのもとになるコラムの執筆させていただく機会をいただいた南海日日新聞社にお礼を申し上げます。

平成二八年三月吉日

編者一同

● 目次 ●

生物多様性と保全—奄美群島を例に—（上）

陸上植物・陸上動物・基礎 編

Biodiversity and Conservation: A Case Study in the Amami Islands Vol. 1

Edited by

SUZUKI Eizi, KUWAHARA Sueo, HIRA Mizuki, YAMAMOTO Tomoko, SAKAMAKI Yositaka and KAWAI Kei

I　はじめに

1　連載開始にあたって

鹿児島大学大学院理工学研究科　鈴木英治

鹿児島大学では平成二七度から国際島嶼教育研究センターの奄美分室を設置することになり、四月二五日には開設式が行われ、奄美市名瀬柳町の水道局敷地内の建物の一角に看板が掲げられました（写真1）。これからは奄美市に常駐する四名の教職員の方はもちろんですが、四〇名ほどの教員が交互に奄美群島を訪れ、教育や研究を進めていこうとしています。そこで鹿児島大学の研究・教育活動の一環を、南海日日新聞の紙面上で週に一回ほどのペースで約一年間、紹介させてもらうこ

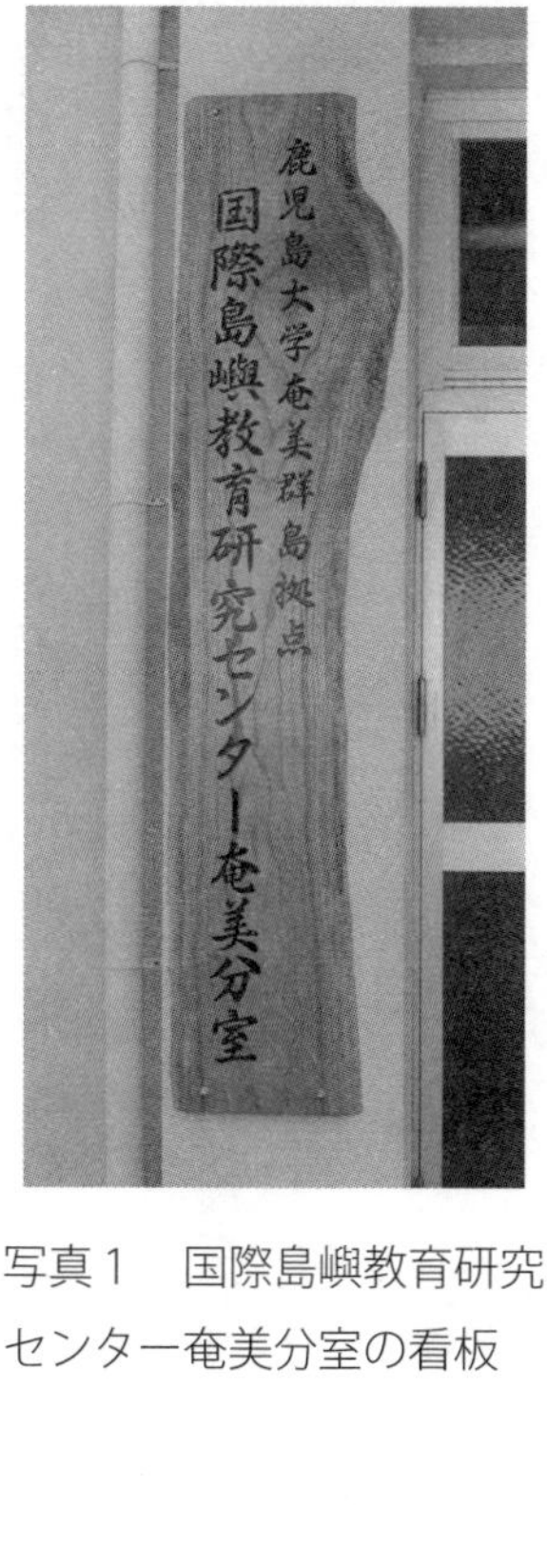

写真1　国際島嶼教育研究センター奄美分室の看板

とになりました。私が世話役的な役目を担当しているので、最初に概略を述べます。

鹿児島大学では農学部、水産学部、理学部、法文学部など理系・文系の学部の教員が、海や川、農地から森林、そして人との関わりについて長年研究してきました。大学博物館の植物標本収蔵庫には、明治時代に奄美群島やトカラ列島で採集された標本も保存されています。生物の多様性の研究は、そこにどんな種類の生物がいるかを明らかにすることから始まります。

ある地域の生物を収集しリストを作り、それがまだ誰も発見したことがない種であれば新種として記載します。そのような分類学の研究が陸上植物では明治時代から活発に行われ、鹿児島大学名誉教授で二〇〇八年に一〇一歳でお亡くなりになった初島住彦先生などが活躍されてきました。

ただそれで終わりではなく、最近ではＤＮＡ等を調べることによって生物の進化の一層詳しい研究を行っています。また、形による分類研究は陸上植物などでは進んでいますが、海中の生物などはまだ未発見の種類も多く、現在も分類の研究を進めています。鹿児島大学が行っている島ごとの魚類図鑑作りは、小さい与論島では完成しましたが、奄美大島のような島では現在調査中です。

そこに生活している生き物の種類が分かってくると、そこでどんな生活をしているのかを明らかにする生態の研究へと進んでいきます。沢山いるのか僅かばかりなのか、どのように繁殖しているのか、他の生物の役に立ったり、逆に妨害したりしていないか、多くの生態的問題があり、それぞれの解決を目指します。

また、旧石器時代から人が住んでいた奄美群島なので、人との関わりも重要な課題です。実際ほとんどの森林には人手が加わっており、その結果どのように変化しているかも調べなければなりません。人間とともに生活をしている農作物にも最近導入された新品種ばかりではなく、古くから栽培された在来種が島には残っているので、そのような品種の発掘も進めていく必要があります。

このような研究を進めていますが、これから各先生が自分の専門とする分野について、わかりやすく紹介していただく予定です。ご期待ください。

Ⅱ　陸上植物

2　鹿児島大学の植物標本庫

鹿児島大学大学院理工学研究科（鹿児島大学総合博物館長兼務）　鈴木英治

国立公園化や世界自然遺産指定に向けて、奄美群島の生物多様性が注目されています。どんな生物がそこにいるかを知ることが多様性を理解する基本ですが、鹿児島大学の総合研究博物館では二〇一三年に奄美群島、二〇一五年にトカラ列島の植物目録を出版しました。目録作成で一番の根拠になるものが、植物標本です。当館の植物標本庫には科別に整理保存された標本が約一四万点、未整理標本が数万点あります。現在標本のデータベース化を進めており、二万点余りを終了しました。

そのデータは一八八五年から始まり、戦前の標本が35％を占めています。円グラフにその産地をまとめましたが、鹿児島大学の標本なので鹿児島県内産が多いと思われがちですが、それは41％だけです（図1）。鹿児島県内産以外では、九州・沖縄17％、その他国内22％、外国20％になります。そのうち、九州・沖縄の中では沖縄県が約半分を占めます。鹿児島に隣接する三県でも、南の沖縄に関心が持たれてきたようです。九州以外の国内と外国の標本が四割を占めるのは意外な感じがするかもしれませんが、多くがその地域の研究者から送られた標本です。著名な植物学者の牧野富太郎の標本も五〇〇点近くありました。明治から大正時代に採集された標本が多いのですが、当時はまだ十分な植物図鑑もなく、標本を交換し合うことで種名を確認していたのでしょう。外国産では沖縄県から南につながる台湾の標本が最も多く、全体の６％を占めて

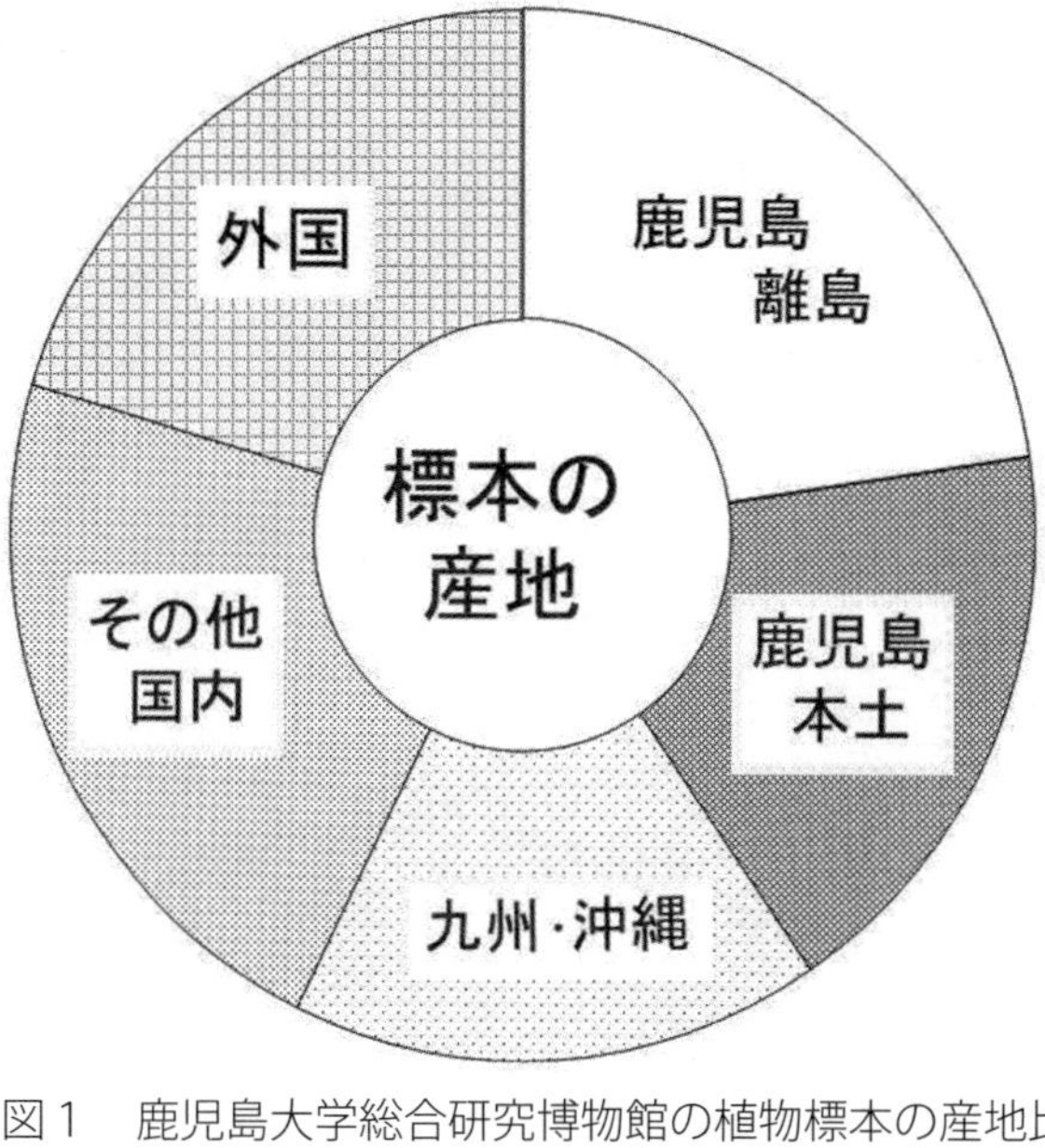

図１　鹿児島大学総合研究博物館の植物標本の産地比率

います。鹿児島県の植物を明らかにするためには、県内の植物だけを集めてはできないので、戦前から、本州や海外の研究者と交流して国際レベルの研究をしていたことが分かります。

鹿児島県内では、陸続きで簡単に行ける本土産より離島産が多く56％を占めました。鹿児島県は日本で一番離島の面積と人口が多い県で県面積の約27％を離島が占めますが、標本の中で離島が占める割合はさらにその倍以上にもなります。それだけ島の植物に関心がもたれてきたのでしょう。県土の14％を占める奄美群島からは、県内標本の22％が採集されています。一四万点の全標本では奄美群島産が約一万二〇〇〇点ありそうです。

このような古い標本は目録作成などに使われることで、一定の役割を果たしたことになります。それでもう用済みかというとそうではなく、まだ大きな価値を持っています。開発などで環境が変えられた地域では、そこで採集された標本から昔の状態を推定することができます。また研究の発達により分類が変ることも時々あります。たとえば奄美大島に多いメヒルギ属は昔から世界に一種メヒルギしかないと考えられていましたが、二〇〇三年に二種に分けられました。各産地のメヒルギが新しいどちらの種に属するかを、標本庫の標本等で確認する必要が生じます。そのような時にも鹿児島大学の標本庫を利用しやすいように、インターネットなどでも閲覧できるデジタル画像化とデータベース化を進めています。

3　固有の植物の「今」を記録する

鹿児島大学理工学研究科　宮本旬子

この十年ほど、年に数回ずつ奄美大島、加計呂麻島、請島、与路島、そして徳之島の森を歩き回っています。主な目的は「固有植物」の状況を調べることです。日本列島に自生する七〇〇〇種類の草木のうち三〇〇〇余が鹿児島県内にもあり、奄美群島では一〇〇〇種類を超える野生の草木が確認されています。

ユーラシア大陸や東南アジアや太平洋諸島に生えていた祖先があるとき日本列島の植物相の一員に加わり、その中には独自の進化をとげたり原産地では滅んだりして、世界中でそこだけにしか生えていない固有植物になることがあります。

鹿児島の固有植物一二六種類の多くは、屋久島や奄美群島にあります。生育地が限られているため急激な環境変化や違法採取などの影響を受けやすく、大半が絶滅が心配されるいわゆるレッドデータプランツに指定されています。近年は外来の観葉植物などが山野に捨てられて増えてしまい、元からある植物の生育環境を奪うだけでなく固有植物との雑種ができるおそれも指摘されています。私が専門にしている系統学という分野では、遺伝情報の担い手であるＤＮＡの型を比較して様々な植物の種類の間の親戚関係を推定する研究が盛んです。例えば、奄美の植物に最も近い親戚はどこに生えているのか、共通の祖先はどこに居た可能性があるのかなどを調べるのです。もっと細かい分析方法を使うと固有植物の一株一株の遺伝的な違いを検出でき、繁殖に異常が生じていないか、外来種と雑種を生じていないかもわかります。このような研究を行うと、個々の植物がどこから来てどのように進化してどうなると滅びてしまうのか、という一連の段階が明らかになります。

これまでも奄美群島では様々な側面から生物の調査や研究が行われてきましたが、国立公園化や世界自然遺産化が取り沙汰されるようになって、効果的な保護保全策が求められ、最新の分布状況や詳細な遺伝的情報が必要になってきています。もっとも、このような研究には手間がかかります。まず、研究対象の植物がどこに何株生えているのか、文献や聞き取り情報に基づいて山の中などを実際に歩いて確認します。それは、国や自治体、自然保護団体や地元の生物研究家などの協力がなくてはできない地道な作業です。許可がもらえると葉の一部などを採取して大学に持ち帰り、数人の学生の手も借りて遺伝的な分析実験を繰り返します。論文や本として公表できるまでには数年がかりになることもありますが、地元からは結果を早く知りたいという要望もいただきます。

奄美群島で開催されるシンポジウムで中間報告をさせていただく機会が最近はやや増えましたが、まだまだ気になる情報が思うように手に入らないと感じている方々も少なくないのではないでしょうか。国際島嶼教育研究センターの奄美分室が設置されたことで、鹿児島大学の教員や学生の活動内容が地元の方々により早くお届けできるようになることを願っています。

4　奄美大島の海岸で一番多い植生は？

鹿児島大学大学院理工学研究科　鈴木英治

現在鹿児島大学が進めている研究の一つに水陸の境界付近の生物の調査があります。私は陸上植物担当で、まずは奄美の海岸線全体にどんな植生が多いか調べてみようと思いました。と言っても、奄美大島の入り組んだ海岸線は長く４００㎞近くあるので、そう簡単には調べられません。

しかし最近は様々なデータが公開されているので、環境省のホームページにある自然環境保全基礎調査の二万五〇〇〇分の一の植生図を解析して見ることにしました。解析にはＧＩＳ（地理情報システム）のフリーソフトを使ってみました。植生図や解析ソフトは数年前までは高価でしたが、今では無料で入手可能です。地方や離島では情報の入手にハンディがありましたが、インターネットの発達と政府がデータを公開する政策を取っているので、その障害も減ってきたように思います。植物の名前を調べるのも以前は植物図鑑が必須でしたが、インターネットでかなり分かるようになりました。

ただし膨大なデータがあふれているので、何をどのように解析するかを考えなくてはなりません。またデータがあっても、知りたいことがそのまま出てくるとは限りません。植生図データからはＧＩＳソフトが面積は簡単に計算してくれますが、海沿いの長さはひとつずつ手作業で測る必要があり、学生が数カ月かけて行いました。ＧＩＳも地道な作業の積み重ねの部分が多いのです。結果としては、海岸線の約三割がアカテツ群落からなり、奄美大島の海岸線を一番優占していることがわかりました。写真２のソテツ群落も三番目に長くなりました。逆に平坦地に多い砂丘植生は１・６％、マングローブ植生は１％しかありません。

アカテツが海岸植生として一番多いという結果を、どう思われますか？　私も奄美大島の海岸を多少歩いてみて確かにアカテツを見かけますが、一番多いかというとちょっと違うような印象を持っています。植生の名前の付け方は、必ずしも一番優占している種ではなく、他の植生には出現せずその植生を特徴づける種が選ばれることもあるので、アカテツ以外の種が多くてもアカテツ植生と命名されることはあります。ただ、大島紬を染めるために使われるシャリンバイやハマビワ、ハマヒサカキなど海岸性の樹木が多いのにそれらをひっくるめてアカテツ植生にしてしまうのは、どんなものかと考えているところです。その辺が、既存の公開されているデータの限界でしょう。

インターネットは大変便利なものではありますが、盲信するのではなく、限界を知りつつ利用していく必要があるでしょう。まずは従来のデータを解析してわかる所まで調べ、次には実際の植生を自分たちの手でより詳しく調べる必要があります。今年は名瀬近くの大浜海岸で調査を始めましたが、詳細にみると複雑な植生が分布しています。

写真２　笠利崎のソテツ群落

5　奄美大島の川沿いの植生

鹿児島大学教育学部　川西基博

奄美大島の植生の代表はシイやカシ類などブナ科の樹木からなる森林ですが、川沿いではそれとは異なる植生がみられ、一般的に河畔植生や渓畔林などと呼ばれています。本節では、奄美大島の川沿いの植生について紹介します。

奄美大島の川沿いに成立する植物群落としては、河口域にみられるマングローブをイメージする方が多いかもしれませんが、それだけではありません。草本群落、低木群落、森林などのさまざまな植物群落をみることができますし、川沿いを主な生育立地とする固有種や希少種も知られています。

たとえば、下流域の河川敷の砂州では、イネ科のセイタカヨシ、タイワンカモノハシや、タデ科のオオサクラタデ、ヤナギタデ、ボントクタデなどをはじめとして多くの草本植物からなる群落が成立しています。さらに、水際の立地にはヒメガマ、フトイのように根が水中にあり、葉や茎が空中に出ている植物の群落もみられます。

中流から上流にかけて、川幅が広く日射が差し込み露出した岩の河床に多い群落もあります。

住用川のマテリヤ滝周辺が一例ですが、このような立地にはケラマツツジなどの灌木が生育します。また、水際に近い岩の割れ目をよくみると、コケタンポポ、ヒメタムラソウ、アマミスミレ、アマミカタバミなど、とても小さい草本の群落がみられます。このような小さい草本群落のなかには固有植物が含まれています。

一方、役勝川上流部や住用川の支流上部などでは、川幅が狭くなって両岸の樹木が流路を覆っています（写真3）。このようなところではシイ、カシ類などの常緑樹に加えてシマサルスベリやエゴノキなどの落葉樹が多く生育していることがあり、山腹斜面の上部の森林とは樹木の構成が異なっています。

奄美大島で最大級の規模をもつ住用川でも全長

写真３　役勝川のシマサルスベリ群落

は17km程度で、決して大きい河川ではありません。また、河畔植生の範囲は島全体の面積からみると大変小さい領域です。しかし、そこには様々な植物群落が成立し、じつに多くの植物が生育しているといえます。このようなさまざまな植物群落が、河川沿いに成立することができるのはなぜでしょうか。一般的には、洪水時の水流による破壊作用や土砂の堆積侵食などの地表攪乱が関係していると考えられています。それは、攪乱によって植物群落が破壊されると新たな生育立地が生まれ、様々な植物が定着するチャンスになると考えられるからです。

奄美大島の河川ではこれらの環境要因と植物群落とがどのように関係しているのでしょうか。また、河川改修の工事の影響も気になります。これらの観点から、川沿いの植物の多様性がどのように維持されているのかを明らかにしていきたいと思います。

6　徳之島のオキナワウラジロガシ林

鹿児島大学大学院農学研究科　鵜川　信

徳之島の天然林では天然記念物のアカヒゲやケナガネズミが生活しており、またアマミノクロウサギも多くの時間を天然林で過ごします。このことは、奄美群島固有の動植物の保全を行うために、現存する天然林の維持が重要であることを示しています。そこで、鹿児島大学大学院農学研究科の育林学研究室では、徳之島の天然林がどのように維持されているのかを知るため、二〇〇二年から徳之島の天然林のモニタリング調査を行ってきました。ここでは、調査区に成立している天然林の特徴を簡単にご紹介します。

調査区を設置しているのは、徳之島中央部の丹発山の西側斜面に位置する三京岳林木遺伝資源保存林（98・83 ha、以下三京保存林とする）です（写真4）。二〇〇二年当時、育林学研究室で教鞭をとられていた米田健先生と水永博己先生が、奄美群島の天然林を巡り、その中でも

写真４　徳之島三京岳林木遺伝資源保存林のオキナワウラジロガシの幹回り

巨木が多く見受けられる三京保存林に４haの調査区を設置しました。この調査区の中で、幹の直径が４㎝以上の樹木は九〇〇〇本ほど存在し、これらの樹木の生死と幹直径を一～三年間隔で記録してきました。九〇〇〇本の樹木のうち、最も本数が多い樹種はイスノキで、全体の約二割を占めています。次いで多いのがモクタチバナで、同じく全体の二割ほどに達しています。一方で、バイオマス（生物体量）の指標である幹の断面積合計が最も多い樹種はオキナワウラジロガシで、全体の四割に達しています。次いで多いのがスダジイで、断面積合計は全体の三割弱を占めています。つまり、調査区の天然林では、大きなサイズのオキナワウラジロガシやスダジイが森林の上部で枝葉を広げており、その下に、比較的サイズの小さいイスノキやモクタチバナが数多く存在していることが分かります。

さらに、三京保存林がオキナワウラジロガシの優占林であることも重要です。オキナワウラジロガシは、西表島から奄美大島にかけて分布するブナ科の樹種で、根が板状に発達することや日本最大のドングリを作ることで有名です。しかし、奄美群島の多くの天然林ではスダジイが優占しており、オキナワウラジロガシが優占する森林の報告はほとんどありません。また、三京保存林にはオキナワウラジロガシの巨木が多いことも、林としての希少性を高めています。調査区に生育するオキナワウラジロガシの中で、幹の直径が50㎝を超えるものは二〇〇本近く存在し、最も幹が太いものは直径1ｍ20㎝を超えます。このサイズは、国の天然記念物として指定されている奄美大島の「大和浜のオキナワウラジロガシ林」で確認されているものと同程度のサイズで、日本最大級といっても過言ではありません。

このように徳之島には存在が希少な天然林が存在しますが、重要なのはその天然林を維持していくことです。これから、さらに調査を重ね、天然林の維持メカニズムを明らかにしていく予定です。

7　渡瀬線と高島・低島

鹿児島大学大学院理工学研究科　相場慎一郎

奄美群島を含む薩南諸島、さらには沖縄県に属する島々も含めた南西諸島の陸域（淡水を含む）の生態系を考える上で重要なキーワードとして、「渡瀬線」および「高島・低島」があります。

渡瀬線は屋久島と奄美大島の間（厳密にはトカラ列島の悪石島と小宝島の間）に引かれた生物の分布境界線で、この線よりも北では温帯系の生物が圧倒的に多いのに対し、南では熱帯系の生物が多くなります。たとえば、屋久島まではマムシが分布しますが、小宝島より南にはハブ類が分布します。植物でも屋久島までは本州と同じスギ・ヒノキ・クロマツ・アカマツが分布しますが、奄美大島より南にはスギ・ヒノキの仲間はなく、マツ類ではリュウキュウマツだけが分布します。その理由としては、過去の陸地のつながり方がもっとも重要と考えられています。しかし、奄美群島より南には1000mを超える高い山がなく、また、冬もずっと暖かいという地形や気候の影響も無視できません。

一方、高島・低島というのは、山地の有無に基づく区別のことで、一番高い山の高さで区別すると、おおよそ300m以上が高島（山地島）、それ以下が低島（台地島）です。奄美群島では、奄美大島（加計呂麻島・請島・与路島を含む）と徳之島が高島、喜界島・沖永良部島・与論島が低島です（写真5）。大隅諸島では、屋久島が高島、種子島が低島で、明瞭なコントラストをなしています。沖縄県では、沖縄島・石垣島・西表島が高島、宮古島が低島ですが、沖縄島でも高島的なのは北部（ヤンバル）だけで、南部は低島的です。高島には火山島と非火山島があり、トカラ列島の島々はすべて新旧の火山島で、奄美群島の島々はすべて非火山島です。非火山の高島では陸生生物の多様性が高く、山地に分布が限られる固有種（特定の限られた地域にだけ分布する種）がしばしば分布します。固有種の代表的なものとして、奄美大島・徳之島のアマミノクロウサギ、奄美大島のルリカケス、西表島のイリオモテヤマネコ、沖縄島のヤンバルクイナ・ヤンバルテナガコガネ、屋久島のヤクシマリンドウなどがあります。奄美群島以南の低島では、隆起サンゴ礁が島の地質の大部分を占めます。過去の海水面や地殻の変動の過程で島が完全に水没した可能性もあり、また、人間による開発が島の隅々まで及んでいることから、低島の陸生生物相は貧弱です。代表的な例として、低島の多くにはハブ類やドングリの仲間（シイやカシ類）が分布しません。

以上のように、「渡瀬線」と「高島・低島」というキーワードで南西諸島の陸域の生態系を大まかに整理して把握することができます。たとえば、私の専門である陸上植生をみると、渡瀬線より南にある低島には基本的には海岸と石灰岩上に特徴

写真５　３０年以上続く鹿児島大学理学部の野外実習はハブのいない低島、与論島で実施されてきた

的な植生しか存在しないのに対し、高島の山地には非石灰岩上のシイやオキナワウラジロガシの優占する森林が広がっていることがわかります。

8　奄美群島のヤムイモやタロイモ

鹿児島大学農学部　遠城道雄

「ヤムイモ」や「タロイモ」という作物の名前はほとんどの方がご存じないと思います。「ヤムイモ」とは、すりおろして〝どろろ〟などにして食べている「ヤマイモ(日本での多くはナガイモ)」と呼ばれる作物の全般を、「タロイモ」はサトイモの仲間全般をそれぞれ示した単語です。このように説明すれば、どのような作物かはすぐにおわかりいただけると思います。なぜこのような呼び方があるのでしょうか。それは、両方のイモが世界中に広く分布し、非常に多くの種類や似たものがあるため、混同などが起きないよう、学問的に区別するためです。つまり、日本の「ヤマイモ」や「サトイモ」はそれぞれ、「ヤムイモ」や「タロイモ」の中の一つの種類ということになります。奄美群島で、「ヤムイモ」は「コウシャマン」などと呼ばれています。また、「タロイモ」は、水田で栽培される「タイモ」が良く見られます(写真6)。いずれも熱帯アジアから伝わってきたと考えられています。

近年、「ヤムイモ」などには様々な機能性成分（主に体に良い成分）が含まれていることが明らかになりつつあります。また、「タロイモ」を水田で栽培すると畑地に比べて収穫量が多くなることがわかってきました。これまでの予備調査で、「ヤムイモ」、「タロイモ」と言っても、奄美群島には多くの品種群が栽培されている可能性があることも判明してきています。これは、まさに多様性が大きいということです。このことは、自然界のみならず、人間の手が加わる農作物においても、奄美の自然条件に適した独特な品種（在来種）が存在することを示しており、大変興味深いと考えられます。これらの作物は、奄美に住む人々が長い年月をかけて、栽培を続けてこられたおかげで残ってきたものです。

写真６　奄美大島のタイモ栽培

ところで、野生生物には、絶滅に瀕した生物を絶滅危惧種として指定、登録（レッドデータブックと言います）して、保護しようという制度があります。しかし、残念ながら作物類には、それに該当する明確な制度はありません。急速に変化する社会情勢の影響は奄美群島といえども例外ではなく、「ヤムイモ」や「タロイモ」もどんどん減りつつあります。そして、一度消えてしまえば、現代科学でも、同じものを復元することは不可能です。今回の研究では、これら在来のイモ類を収集し、その特性や特徴、含まれる成分を調査して、その多様性を明らかにするとともに、保存や利用についても検討する予定です。さらに、将来は、野菜類にも研究の対象を広げていきたいと考えています。

9　貴重な資源、奄美群島の在来カンキツ類

鹿児島大学農学部　山本雅史

現在、我が国の果樹の中ではカンキツ類の生産量が最も多く、ウンシュウミカンやポンカンなど様々な品種が栽培されています。しかし、もともと日本にあったカンキツは限られており、果

実も小さく酸っぱいものでした。沖縄での生産量の多いシィクワーサーはそのような自生種の一つです。徳之島のヤマクニン、シークニン、沖永良部島のシークリブ（写真7）、与論島のキンカンも自生のシィクワーサーです。その他の現在栽培されているほとんどのものは、海外からの導入種や、それらを親として自然に発生したり、人工的に品種改良されたものです。奄美群島を含む琉球列島は中国や東南アジアとの交易において重要な位置にありますので、多数のカンキツ類がこのルートで導入され栽培されてきました。導入種では特にクネンボが奄美群島では重要です。これはベトナム原産のカンキツで、喜界島ではトークー、奄美大島ではトークネブ、徳之島ではトークニン、沖永良部島ではトークリブと呼ばれています。遺伝子分析の結果から、奄美群島の主要な在来カンキツは自生種のシィクワーサーと導入種のクネンボを由来とすることがわかってきました。カーブチー（各島での呼称は喜界島：クリハー、奄美大島：キャーミカン（喜界ミカン）、徳之島：ナツクニン、沖永良部島：カボチャ、与論島：イラブオートー）やオートー（各島での呼称は沖永良部島：クルシマ、与論島：ユンヌオートー）、喜界島のケラジミカンがこれに該当します。また、シィクワーサーと導入種のダイダイを親として、ロクガツミカン（各島での呼称は喜界島：フスー、与論島：イシカタ）や喜界島でシークー呼ばれるカンキツ（他の島での呼称は奄美大島：クサ等、徳之島：トゥヌゲクニン）が発生したと考えられます。

シィクワーサーに生活習慣病を抑制し、健康維持・増進効果の高いポリメトキシフラボノイドが多く含まれていることは、ご存じの方も多いと思いますが、先に述べた奄美群島独自の在来カンキツの果実にもこの成分が多いことがわかってきました。特にカーブチー類に多く含まれています。その他、喜界島のシークーにはアールグレイ紅茶の香りの原料のベルガモットと同様の香り成分が備わって

写真７　沖永良部島のシークリブ（シィクワーサー）

いることも明らかになっています。このように奄美群島在来カンキツには他のカンキツには認められない特長があるのですが、グリーニング病やカミキリムシによる被害樹の増加、タンカンなどの普及によって、在来カンキツ類は種類・数とも減少の一途をたどっています。島のカンキツ類は先人から伝えられてきた貴重な資源です。無くなってしまえば二度と復活できません。私はこれらの在来カンキツが今後も島の一部として栽培され続けることを目的として、それらの有効利用を図ることが可能となるような成果を目指して研究を続けています。

Ⅲ　陸上動物

1　固有種の遺伝子汚染

鹿児島大学農学部　坂巻祥孝

奄美群島では昆虫の多様性も高く、これまでに記録されている昆虫は約三四〇〇種います。しかも、このうち五一八が固有種・固有亜種です。この固有率の高さが奄美群島の多様性の特徴ともいえます。このように群島固有の昆虫の一つに、オオシマゴマダラカミキリ（以下、オオシマゴマダラ）とトクノシマゴマダラカミキリ（以下、トクノシマゴマダラ）が挙げられます。これらは本州・四国・九州本土で普通なカンキツやバラの害虫であるゴマダラカミキリ（通称：ホンドゴマダラ）とは別種です（写真8）。オオシマゴマダラは奄美大島・喜界島に分布しますが、沖縄本島でも採れることがあります。トクノシマゴマダラはオオシマゴマダラの徳之島産亜種とされています。従来は両者とも、人里で見かけられることは稀で、森の中でイスノキやスダジイ、クスノハカエデを食樹として、ひっそりと暮らしていると考えられていました。このため、昆虫愛好家や研究者でなければ、これらの固有ゴマダラカミキリ類を島の人はあまり知らなかったようです。

ところが二〇〇八年くらいから、特に喜界島や徳之島でこれらの固有ゴマダラカミキリ類とホンドゴマダラが頻繁に人里で採集できるようになってきました。同時に、これらの島では庭木や園地のカンキツ類の枝が枯れ、幹に直径1・5㎝ほどの丸穴が発見されるようになってきました。この穴はゴマダラカミキリ類の成虫が羽化して出てきた痕です。もともと島に住んでいた固有ゴマダラカミキリ類では、成虫がカンキツ類に産卵して幼虫がそこで育つということは、ほとんど報告されていませんでした。しかし、現在ではこれら固有ゴマダラカミキリ類がカンキツ樹を次々枯らしているようなのです。しかも、奄美群島では稀だったホンドゴマダラと一緒にです。

なぜ、このようなホンドゴマダラの困った性質を固有ゴマダラカミキリ類もまねるようになったのでしょうか。現在、喜界島と徳之島からカンキツを加害しているゴマダラカミキリ類を採集して、それらの形態と遺伝子を分析しています。背中の模様や形態を見る限り、両島のカンキツ園で採れるものは典型的なオオシマゴマダラとトクノシマゴマダラではなく、ホンドゴマダラとこれら固有ゴマダラカミキリ類の中間型のように見えます。遺伝子分析からは、まだ分析途中ですが、この中間型はどうやら固有ゴマダラカミキリ類とホンドゴマダラの両方の遺伝子を持っている雑種のようなのです。このような現象は「遺伝子汚染」と呼ばれており、この現象が進行すると島には、いずれ、生

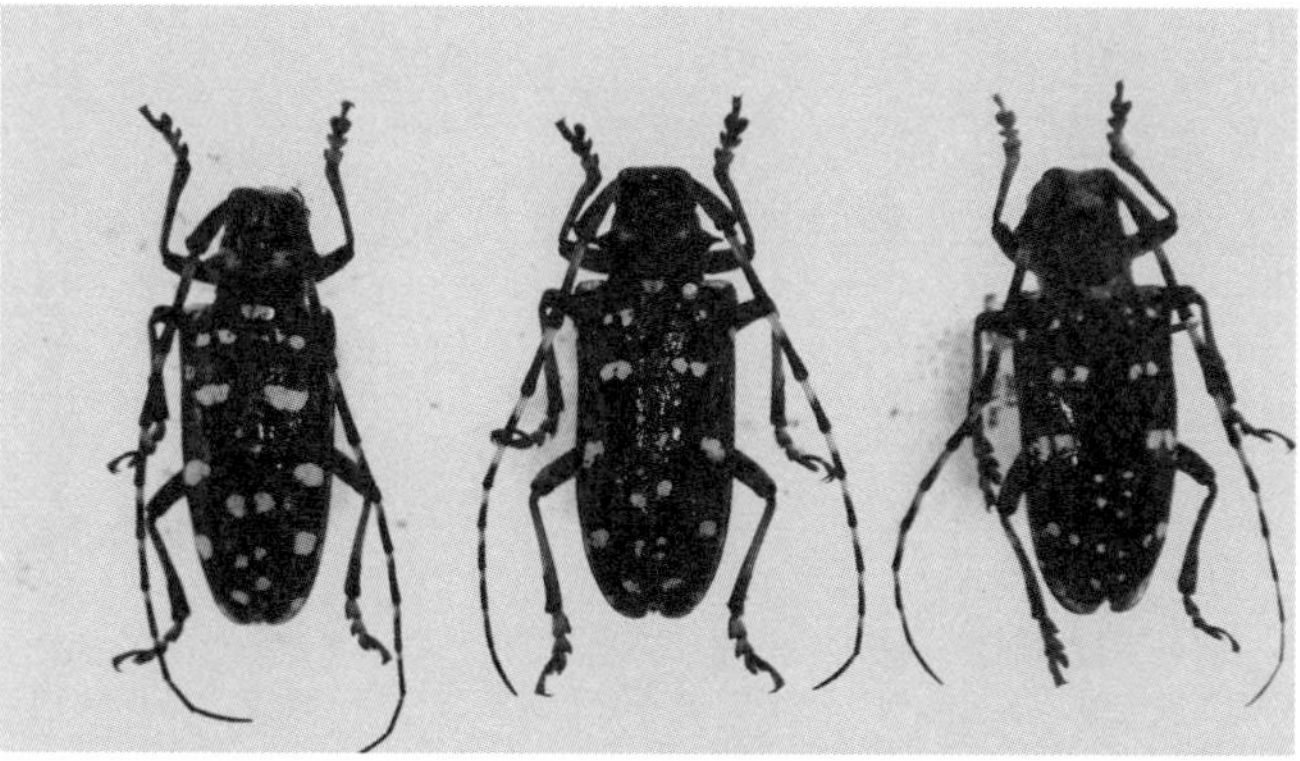

写真８　左からオオシマゴマダラカミキリ、喜界島産中間型、ホンドゴマダラカミキリ、それぞれメス成虫

粋の固有ゴマダラカミキリ類はいなくなってしまうかもしれません。これは、島の固有ゴマダラカミキリ類遺伝子の減少を意味し、ゴマダラカミキリ類全体の遺伝的多様性を減少させることにほかなりません。島のカンキツ産業も守りながらも、なんとか、山の中でひっそり暮らす生粋の固有ゴマダラカミキリ類も守っていきたいものです。

2　天敵微生物で島みかんを守る

鹿児島大学農学部　津田勝男

喜界島には「ケラジ」や「クリハー」などの島特産のみかん「島みかん」がありますが、同島では高齢化が進んで管理が行き届かない例や放置される例も少なくありません。

近年、奄美諸島ではゴマダラカミキリ類によるカンキツ類の被害が問題になっており、特に喜界島ではカンキツ類が次々と枯死しています。高齢化にともなうカンキツ園の管理不足や放置がゴマダラカミキリ類の被害拡大を助長していると考えられています。ゴマダラカミキリ類の防除対策としては農薬散布が一般的ですが、何度も散布しなければならず労力的な負担があり、同時に他の生物への影響も心配されます。また、喜界島は天水をもとにした地下水源に依存しているため、農薬の使用は控えたいところです。

防虫シートはゴマダラカミキリ類に病原性がある天敵糸状菌（カビ）を紙パルプ製のシートで培養したもので、このシートをカンキツの木の根元付近に巻きつけておくと、その上を歩いたゴマダラカミキリが菌に感染して死亡します（写真９）。死亡した後は写真のように口や環節のすきまからカビが発生してきます。本菌はゴマダラカミキリ類に強い病原性を発揮しますが、他のカミキリムシにはほとんど影響がありません。もちろん他の昆虫にはまったく影響がありません。シート上の菌は効果が約一カ月は持続するので管理不足あるいは放置園が多い地域での利用にも向いています。また、他の昆虫類や生き物にはまったく影響がないということは島の生物の多様性を維持するうえで重要です。ただし、菌に感染してから死亡するまでに一～二週間ほどかかるので、一年だけで完璧な防除効果を

写真９　天敵糸状菌（カビの病気）に感染して死亡したゴマダラカミキリ

期待するには無理があります。数年間は継続的に使用する必要があります。また、菌を使用しても他の地域から菌に感染していないカミキリが侵入してくれば、菌による防除効果は得られ難くなります。このため本菌は出来る限り広範囲で使用することが推奨されています。個人が狭い範囲で使用した場合はほとんど効果がありません。

喜界島では二〇一二年から大朝戸集落と西目集落で天敵糸状菌によるゴマダラカミキリ防除の試みを始めました。住民の皆さんの協力もあり、集落内のすべてのカンキツに菌を使用することが出来ました。使用範囲は約二五ヘクタールに及びました。これほどの広範囲での使用は過去に類を見ません。そのおかげで二〇一二年から二〇一四年までの三年間で両集落内のゴマダラカミキリによるカンキツ類の被害は劇的に減少しました。集落内のすべてのカンキツに菌を施用することが出来たことと周辺からの侵入がほとんどなかったことが顕著な効果が得られた要因として考えられます。

この結果を受けて、喜界島では二〇一五年から防虫シートを島内の全カンキツ樹約五万本に使用することになりました。島全体に使用することによって「島みかん」がゴマダラカミキリ類の加害で枯れてしまうおそれはなくなりました。今後はさらに「島みかん」が積極的に増殖されることが期待されます。

3　奄美群島のデンデンムシ

鹿児島大学大学院理工学研究科　冨山清升

デンデンムシ、もしくは、カタツムリは、学術用語では陸産貝類（陸貝）と呼びならわされています。文字通り、陸に生息する貝類を指します。陸貝は、他の動物群に比べてその移動能力が非常に低いのが特徴です。すなわち、非常に狭い地域の中での特殊化や進化が生じやすい動物として知られてきました。ハワイ島では、「谷ごとに種が異なる」と比喩されるほどに狭い地域ごとに異なる種が生息しています。

奄美群島は、固有の動植物が多数分布していることで有名な地域ですが、陸貝にも多くの奄美固有種が知られています。奄美大島には約六〇種、喜界島には約二五種、徳之島には約五五種、沖永良部島には約三〇種、与論島には約二〇種程度の陸貝が記録されていますが、その多くが、奄美群島の固有種、もしくは、南西諸島の固有種で占められます。アマミヤマタカマイマイ、キカイキセルモドキ（写真10）、トクノシマビロウドマイマイ、オキノエラブギセル、等々、島の名前を冠した種名を持つ陸貝が多数生息しています。沖縄県から鹿児島県本土まで生息する動物相を分析した研究では、奄美群島は独特な陸貝相を形成していることが解っています。奄美群島の陸貝調査の歴史は意外と古く、明治時代には主要な陸貝の種が学術的に記録され、おおまかな調査が完了しています。しかし、詳細な生息現況が判ってきたのは、地元の学校の先生を中心とした方々の精力的な調査が行われる一九七〇年代以降です。奄美大島在住の重田弘雄先生や沖永良部島在住の宗 武彦先生は、奄美群島の陸貝相を解明された功労者として記憶されるべき存在です。

それぞれの島の陸貝相には、その島の地質的な歴史が反映されている事例が見られます。例えば、ハブのいない島として知られている喜界島と沖永良部島は、島の大半が水没した地質的歴史があるのですが、島の標高の高い地域には琉球石灰岩が存在せず、完全水没はしなかったとされています。このため、この二島には、エラブマイマイ（沖永良部島）やキュウシュウケ

写真 10　キカイキセルモドキ；与論島立長：2015 年 5 月 17 日（長さ 2cm 程度で樹上性）

マイマイ（喜界島）などの固有種も分布しています。奄美大島は、面積も広いため、オオシマギセルガイやオオシマアズキガイ等の数多くの固有種陸貝が知られています。しかし、その生息地は、奄美大島でも本来の植生である照葉樹林に限られており、このような自然林に依存する固有種陸貝は生息地を減らしつつあります。陸貝は普段は目に付かない地味な存在ですが、地域固有種が多く、同じ場所での生息種数も多いため、地域の自然度を測るバロメーターとして活用できることが知られています。レッドデータブック（絶滅の恐れのある生物種リスト）の全国版や鹿児島県版にも、多くの奄美群島の固有種陸貝が掲載されています。奄美群島の生物多様性を保全していくためには、固有種陸貝の保全＝地域の自然の保全であることを理解した上で、これらの陸貝の貴重種の保護もはかっていかなければならないでしょう。

4　照葉樹林の森でなきかわし

鹿児島大学国際島嶼教育研究センター　鈴木真理子

薩南諸島の哺乳類相は、他の多くの陸上動物と同様に、トカラ海峡にある渡瀬線で大きく分かれます。ここより南には本土ではふつうに見られるニホンザルやニホンジカがいない一方で、本土では近縁種さえいないような固有種が存在しています。

私は四月から奄美に住んでそのような哺乳類の調査をおこなっていますが、昨年までは屋久島でニホンザルの研究をしていました。まだ奄美で研究を始めて日が浅いので、今回は奄美群島にはあまり馴染みのないニホンザルの話を書きたいと思います。

屋久島にはニホンザルの亜種であるヤクシマザルが生息しています。ニホンザルは数十頭の群れを形成し、終日同じメンバーで餌を探しながら遊動します。群れのメンバーはメスの家系を中心に形成されており、オスは成長すると群れから離れていきます。サルを森の中で追ってみるとわかるのですが、「群れで移動をする」と言ってもイワシのように並んで移動するわけではなく、森の中に広がってばらばらに移動します。昼はあそこの木で食べようなどと情報を交換している様子もなく、しばらく姿が見えない個体も気が付けば合流しているのです。ニホンザルは主に果実食なので、みんなで食べられるほどの大きな樹木がない限り、ばらばらに餌を食べることで競合を避けているようです。このようなばらばらの移動を可能にしているのが、クーコールという音声でのなきかわしです。調べてみると、周囲に群れの仲間が少なくなると発声頻度があがることがわかりました。一方で、返答をする頻度を見てみると、周囲に群れの仲間がいてもいなくても同じ頻度でおこなうことがわかりました。つまり、はぐれても群れの中にいる個体が返事をしてくれるので、仲間の位置がわかるということです。さて、このような使い方はオトナメスを調べて分かったことですが、同じようにコドモやオトナオスでも調べてみました。すると、コドモはオトナメスの倍ぐらい鳴くのに、あまり返答がもらえていませんでした。コドモは群れの中心にいても鳴くので信用されていないのかもしれません。一方、オトナオスはほとんど鳴きません。これはオスが群れから群れへと渡り歩く習性と関連しているのかもしれません。また、照葉樹林のような見通しの悪い森に生息するヤクシマザルはほかの地

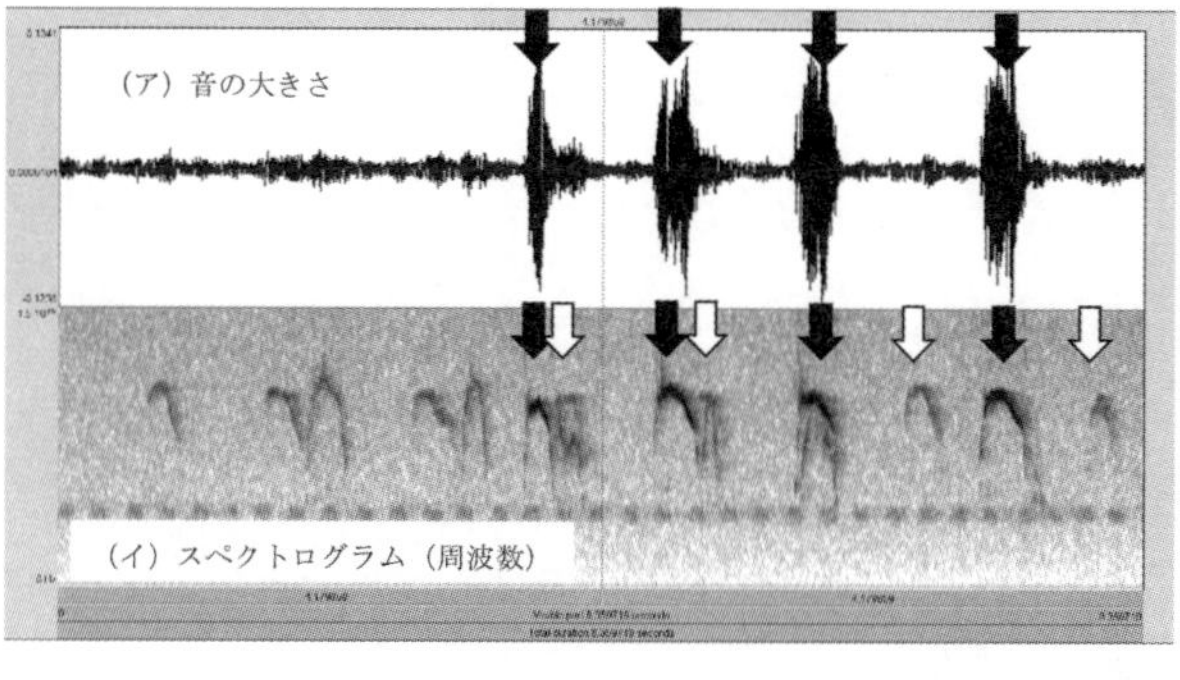

図２　アマミノクロウサギの音声の波形（大きさ）とスペクトログラム（周波数）
音の大きさ（ア）をみると一頭の鳴き声しかわからない（黒い矢印）。しかし周波数（イ）で見るともう一頭の小さな声（白い矢印）も録音されていて、離れた個体となきかわしがあったことがわかる。

域のサルよりも頻繁に鳴くことがわかっています。このように、なきかわしという行動を調べることによっても動物の社会や生態が見えてくるのです。

アマミノクロウサギは基本的に単独生活であり、縄張り性も強いと言われています。しかし、彼らも音声で仲間とやり取りをしていると言われています（図2）。単独生活と言っても、子育て中や発情期は他の個体との交流が生じます。彼らの「社会」はどうなっているのでしょうか。動物の社会を理解することは、生息適地や食性、生活史を知ることと同じぐらいその動物の保護に役立ちます。まだ計画段階ですが、それらの解明に少しでも関われたらと思っています。

5　アマミノクロウサギを取り巻く環境

鹿児島大学共同獣医学部　藤田志歩

突然ですが、『とんとんとんの　こもりうた』（いもとようこ作）という絵本を知っていますか？アマミノクロウサギ（表紙写真）の子育ては、巣穴の中にこどもを置き去りにして、ときどき授乳をしに巣穴に戻ってくるのですが、とんとんとん、と母うさぎが巣穴の入り口を前脚で固める音が子うさぎには子守唄に聞こえる、というお話です。

アマミノクロウサギが属するアナウサギ属の仲間は、赤ん坊を未熟な状態で産み、生まれてからゆっくりと一人前に育て上げるため、安全な巣穴の中で子育てをします（このような特徴を晩成性といいます）。土を固めてしまえば、子うさぎがハブにやられることもないのでしょう。また、アマミノクロウサギは、ぴょんぴょんとすばしこく飛び跳ねるノウサギの仲間と違って、ずんぐりとした胴体に短い耳と短い脚をもち、その動きもどこか「おっとり」としています。アマミノクロウサギは「生きた化石」と言われますが、このような形態的、生態的特徴は何百万年も前から変わることなく維持されてきました。中国大陸にもかつてはアマミノクロウサギの祖先が暮らしていましたが、後から進化した捕食性哺乳類などによって絶滅してしまいました。大陸から分断され、海を隔てた南西諸島にはこれらの天敵が渡ってこられなかったために、アマミノクロウサギは姿や暮らしを変えることなく生き残ることができたと考えられています。

このように、長い進化の過程で天敵のいない環境で生きてきたアマミノクロウサギは、比較的「最近」現れたあらたな脅威に対して対抗する術をもっていません。人の手によって持ち込まれたマングースや犬や猫に追いかけられ、襲われても、逃げたり隠れたりすることができません。スピードを出して走る車から身をかわすこともできません。マングースや猫の糞からアマミノクロウサギの骨が見つかっていますし、交通事故に遭ったアマミノクロウサギが動物病院に持ち込まれることもあります。そしてまた、死亡には至らなくても、夜間に観察に訪れる人間の存在は、もしかしたらアマミノクロウサギにとってストレスになっているかもしれません。

わたしたちは、現在、奄美大島でアマミノクロウサギのストレスについて調査をしています。どのように調べるかというと、林道などで新鮮な糞を集めて、糞に含まれるホルモンのレベルを測定します。ホルモンというのは生体の様々な機能を調節する化学物質ですが、ストレスがかかると分泌がさかんになるコルチゾルというホルモンが知られています。コルチゾルの一部は糞の中に排泄されるので、これを測定するとストレスの度合がわかるというわけです。

今後、奄美の自然の素晴らしさがこれまで以上にクローズアップされるようになると、アマミノクロウサギを見てみたいとやってくる人たちが増えるだろうと予想されます。調査の結果はまだ出ていませんが、この小さな観光大使に過度な負担がかからないように見守ってゆきたいと思います。

6　コオロギ達の種間関係

鹿児島大学教育学部　栗和田 隆

日本では秋に鳴く虫はたいへん親しまれており、季節の風物詩ともなっています。鳴き声を楽しむためにスズムシやキリギリスを売買する習慣は江戸時代からあったようです。奄美大島にもたくさんの鳴く虫達が棲んでいますが、本土のように秋だけでなく、一年を通して虫の声が響き渡る夜も多いかと思います。

そんな鳴く虫の代表にコオロギがいます。鳴くといっても口からではなく前翅を擦り合わせて音を出しています。コオロギの翅は一般に右翅が上に左翅が下になるように重なっています。右翅の裏側にはギザギザしたヤスリ状の構造があり、これを左翅の縁の固い部分に擦り合わせて音を出しているのです。ちょうどバイオリンの弓と弦のような仕組みです。ちなみにキリギリスは左翅が上になっています。

コオロギ達が鳴くのは同種内のコミュニケーションの手段です。ほとんどのコオロギはオスしか鳴きません。鳴き声は、他のオスに対する縄張り宣言とメスに対する求愛の意味を持ちます。メスは鳴き声を基に同種のオスの居場所を知り、また交尾相手としてのオスの質を査定しているのです。一般に、早いリズムで低い音の声がメスに好まれます。早いリズムの声はエネルギーの消耗が激しいので元気なオスにしか出せず、低い音は体が大きいことを示しています。このようなオスと交尾すれば、丈夫で大きな子が生まれてくると考えられます。

このように、同種内での鳴き声の役割は解明されつつあるのですが、鳴き声が他種のコオロギに与える影響はまだよくわかっていません。たとえ都市部であっても、たくさんの種類のコオロギが同じ場所に生息しています。名瀬にあるいね公園という小さな公園でも、少し探しただけでネッタイオカメコオロギやナツノツヅレサセコオロギ、タイワンエンマコオロギ（写真11）といったコオロギ達が見つかりました。こ

写真11　タイワンエンマコオロギのオス成虫。前翅を擦り合わせて鳴く。

のように、同じ場所に多種の鳴く虫が生息していましたが、ここで疑問が生まれます。音という同じ信号でコミュニケーションをおこなう種同士がどうやって同じ場所に共存しているのでしょうか。音は空気を伝わる波なので、多くの虫がいっせいに鳴くと音波同士が干渉してしまいます。すると鳴き声を発しているオスの居場所や質をうまく聞きとれなくなるかも知れません。また、小さくて弱い種が良い場所で鳴いていれば、大きくて強い種のオスは鳴き声を目安にその場所を奪いに行くかも知れません。このように、別種の鳴き声を聞いて行動を変えている可能性も考えられます。

私はこのようなコオロギ達の種間関係に焦点を当てて、多くの種が一ヶ所に共存できる仕組みを明らかにしようと奄美大島で研究を始めました。奄美大島を選んだのは、年間を通して様々なコオロギ達が共存していると考えられたからです。この共存の仕組みが解明されれば、生物の多様性がどのように維持されてきたのかという難問に対する答えの一つが出せるではないかと期待しています。

7　蚊が媒介する感染症

鹿児島大学国際島嶼教育研究センター　大塚　靖

奄美群島には豊かな自然が残されていますが、自然が人に有害となる時もあります。ハブに噛まれると大変なことになりますが、蚊に刺されるのも痒くて嫌なものです。時に蚊は病原体を媒介する場合もあります。二〇一四年に東京の代々木公園などで起きたデング熱の流行は大きな問題となりました。日本でデング熱ウイルスを媒介する蚊はヒトスジシマカで、奄美群島でも市街地にも生息している種類です。ヒトスジシマカが分布する東北地方以南では、どこでもデング熱が流行する可能性があります。ヒトスジシマカのボウフラはプラスチック容器やタイヤなどの人工容器に溜まった水に発生するので、身の回りでそのような水溜まりを作らないことが対策となります。

また、ヒトスジシマカは主に日中の野外で吸血しますが、夜間民家の部屋に入ってきて吸血する蚊はアカイエカという種類です。奄美群島を含む南西諸島には一九五〇年代頃までリンパ系のフィラリア症の感染者がたくさんいました。このフィラリアを媒介するのがアカイエカです。かつて夜間に小学校などで映画を上映して人を集め、そこで採血された人もいると思います。フィラリアの幼虫であるミクロフィラリアは夜間に末梢血に出てくるので、夜間に採血しないと正確な診断が出来ないのです。感染者に駆虫薬を与え、殺虫剤を撒くなどして蚊の駆除を行うことで、一九八〇年には奄美群島でフィラリア症はなくなりました。

鹿児島大学はこのフィラリア症などを研究・撲滅するために名瀬と古仁屋に医学部附属熱帯医学研究施設を設置していました。名瀬にあった施設は現在では保育所になっていますが、その正門の横には記念碑が建てられています（写真12）。その記念碑には「昭和三五年～昭和五七年の間、この地に設置された鹿児島大学医学部附属熱帯医学研究施設において、福島教授をリーダーとする十数名のスタッフによって風土病フィラリア症の病態究明と対策等に関する研究が行われ、その撲滅に大きく貢献した」とあります。

今年度、鹿児島大学国際島嶼教育研究センター奄美分室が奄美市に設置されました。鹿児島大学の教員が本格的に常駐する施設が奄美群島にできるのは、熱帯医学研

写真 12　熱帯医学研究施設跡地の記念碑

究施設がなくなって以来です。この奄美分室は鹿児島大学と奄美群島をつなぐ窓口となり、多くの研究者と地元の人々との交流を進めていこうと考えています。その中で人と自然の共存について考えることが多くあります。

感染症が流行すると、時として自然への配慮が欠けることがあります。デング熱など蚊が媒介する感染症が流行すると、蚊を駆除するために大量の殺虫剤を使用します。大量の殺虫剤が蚊以外の昆虫など自然界にどのような影響を与えるかはよくわかっていません。ですから、そのような殺虫剤を使わなくて済むように、日頃から家のまわりの水溜まりをなくして蚊の発生をできるだけ抑えることが大事になります。奄美分室もどのような対応がよいのか地元と話し合い、実践していきたいと考えています。

8 驚くべきアリの多様性

鹿児島大学総合研究博物館　福元しげ子

動物・植物をはじめとする世界中の生物の中で、種数が一番多いのは昆虫です。体が小さいだけに単位面積当たりの数も多く、乾燥重量でみると人間を含む全動物の中でもだんとつに多いことが知られています。私が研究しているアリは、分類上ハチ目アリ科に属する昆虫で、生物量が昆虫のなかでもとくに多く、また環境ごとに生息する種の構成が異なることから、優れた環境指標生物といえます。そのため、市民向け環境教育教材としても活用されています。地球上には名前がつけられているアリが一万二〇〇〇種以上いるといわれており、日本には三〇〇種近く、鹿児島県本土だけでも一一〇種ほどが生息しています。奄美群島には九〇種以上が生息しており、鹿児島県本土ではみられない種が三〇種近くいます。このように鹿児島県はアリの種が非常に豊富な県であり、とくに亜熱帯的気候をもつ奄美群島の存在が種数の多さに貢献しているといえます。奄美大島のような非火山性の高島では陸生生物の多様性が高いという一般則も関係していることでしょう。奄美群島には奄美群島あるいは中琉球地域に固有のアリが少なからず分布していますが、彼らの存在は島の自然環境と密接な関係にあります。

アリはほとんどあらゆる環境で見られ、彼らの生活は植物と特に密接な関係があります。彼らは植物が分泌する花蜜や花外蜜をエネルギー源としたり、植物体の色々な部分を営巣場所として利用するばかりでなく、植物を餌とする昆虫類を捕食することによっても間接的に利益をえています。その点で森林はとくに重要です。奄美群島でのみ見られるイクビアシナガアリ、ヒメアシナガアリ（写真13）、スジブトカドフシアリ、オオウメマツアリ、ツヤミカドオオアリなどは、森林内の土中や落葉落枝・朽木中、大木の洞内に生息する希少な種です。森林が減少すると、彼らの生活の場が奪われます。島嶼域は面積が狭小なため、人間活動が地形や生物相に及ぼす影響は本土に比べ格段に大きいことを認識することが大切です。

鹿児島県には近年注目されている外来性のアリが多数定着しています。アリは物資や観葉植物などと一緒に船で運ばれることが多い

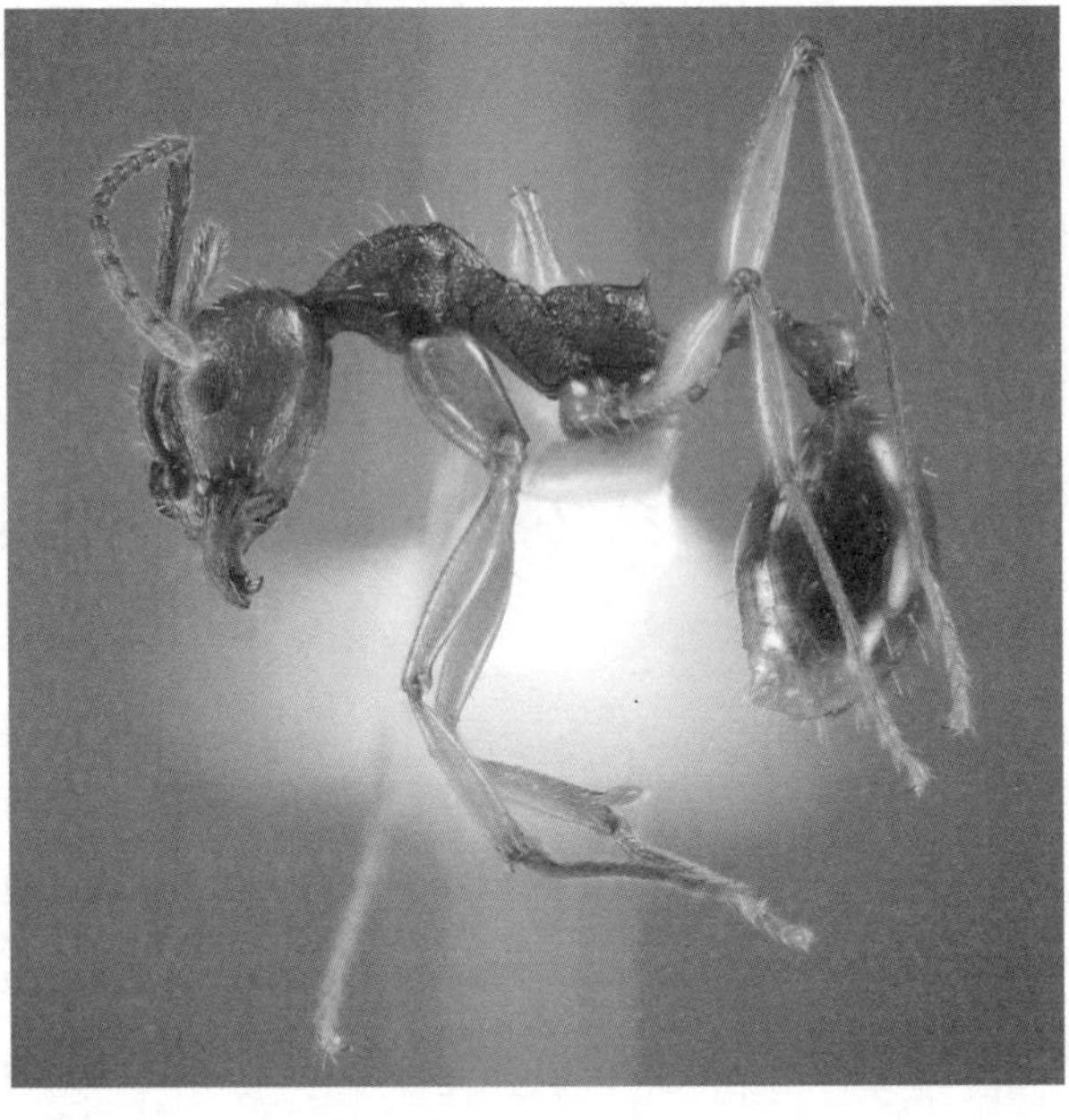

写真13　ヒメアシナガアリ（体長3.5～5mm、奄美大島固有種、山﨑健史氏撮影）

と考えられており、船舶の往来が頻繁な本県、とくに島嶼部では、新たな外来種が上陸する可能性もあるため、港でのアリ相調査が行われています。外来種の中には在来の生態系に負の影響を与えるものもいますから油断は禁物ですが、いつもそうとは限りません。重要なことは、いたずらに恐れるのではなく、影響を冷静に評価することです。そこで私は、外来性アリ類の分布拡大や、侵入の前と後で在来種の種類や個体数がどのように変化するかを調べています。これからもアリという小さな生き物を通して生態系の色々な側面を見つづけていこうと思います。

Ⅳ 基礎

1 奄美群島から恐竜化石は見つかるか?

鹿児島大学理学部　仲谷英夫

近年、九州各地から恐竜化石が見つかっていることは皆さんもご存じだと思います。特に、鹿児島県からは下甑島（薩摩川内市）や獅子島（長島町）のような島嶼部から、恐竜やクビナガリュウの化石が見つかっています。出水郡長島町獅子島の御所浦層群幣串層（約九五〇〇万年前）からは、カモハシリュウの仲間（鳥盤目・鳥脚亜目）の恐竜化石や恐竜化石ではありませんが、フタバスズキリュウのようなクビナガリュウ（長頚竜目・プレシオサウルス上科・エラスモサウルス科）化石が（写真14）、薩摩川内市下甑島の姫浦層群（約七〇〇〇万年前）から、アパトサウルスのような巨大な恐竜（竜盤目・獣脚亜目）化石や、日本でも珍しいトリケラトプスのような恐竜（鳥盤目・角竜亜目）化石と、恐竜以外の翼竜、ワニ、カメなどの化石が見つかっています。

さて、恐竜の化石を見つけるには、その住んでいた時代の地層がなければ、化石は保存されていません。それでは、奄美群島にはその時代の地層はあるのでしょうか？恐竜は中生代の三畳紀から白亜紀にかけて生きていたので、まずその時代の地層を探してみましょう。奄美博物館に行くと地質の展示がありますが、奄美大島の地質のほとんどは古生代の終わりから中生代の白亜紀にかけての地層からなっています。ということは、奄美からも恐竜の化石が見つかるのではないかと考えられるかもしれませんが、恐竜の化石を見つけるにはもう一つの条件があります。

それは、恐竜がどのようなところに住んでいたかということです。恐竜は陸上生物で、その化石のほとんどは陸上か、陸に近い海にたまった地層からしか見つかりません。奄美群島の中生代の地層は付加体といって、大きな海洋の底にたまった地層などが、プレートにのって、大陸側に衝突してできた地層です。このような地層は海底深くにたまったり、海溝に向かった斜面などにたまった地層ですので、陸上生物はほとんど入ってきません。奄美大島のこのような地層からは、古生代の大型の星砂のようなフズリナ化石や、放散虫というガラスのような殻を持つプランクトンの化石がよく見つかります。これらの化石は、海底や、広い海洋に浮かんで生活していたことが分かっていますので、このことからも、陸上や陸に近いところにたまった地層ではないことが分かります。

それでは、恐竜などの化石が見つかる下甑島や獅子島の地層はどのようなところにたまった地層でしょうか。これらの地層は天草から熊本県南部、四国の中央部や紀伊半島までつながるような広い

写真14　長島町（当時東町）獅子島の海岸でのクビナガリュウ化石発掘の様子

分布をしており、アンモナイトや貝などの化石も多く見つかる約七〇〇〇万年から一億年前の白亜紀後期の地層です。これらの化石や地層のたまった構造を調べると、浅い海から陸上にたまった地層であることが分かります。また、当時の地理を復元すると、これらの地層がたまった場所はアジア大陸の縁にあったことも分かっています。そこで、当時、アジア大陸の東の縁であるところに住んでいた恐竜が化石として残ったことになります。

このような点から考えると、奄美から恐竜の化石がでる可能性はほとんどないようにも思えますが、奄美大島の地層からアンモナイトが見つかったという話もあります。中生代白亜紀の北海道などからはアンモナイトの見つかる地層から恐竜やクビナガリュウ、モササウルス（映画ジュラシックワールドで大型肉食恐竜をひと飲みにした、今では絶滅したオオトカゲの仲間）の化石がたくさん見つかっています。このことから想像して、恐竜ではなくとも、海に住んでいた絶滅爬虫類のクビナガリュウやモササウルスの化石が見つかってくれるといいなあと思っています。

2　化石が語る生物群集と環境の変遷

鹿児島大学総合研究博物館　鹿野和彦

島嶼の生物多様性を語るとき、忘れてならないのは生物群集とそれらを取り巻く環境の変遷です。生物をとりまく環境は地球の長い歴史の中で大きく変化してきました。その中で絶滅した種もあれば、生きながらえた種もあります。奄美群島でもその痕跡を見ることができます。足下の地層の中に閉じ込められた生物遺骸（化石）です。

奄美群島を構成している地層は大半が白亜紀（恐竜が生きていた最後の時代）の海溝付近と大洋底に堆積した地層で、そこから放散虫という微小な化石やアンモナイトの化石がまれに産出します。当時、ここは陸が海と接するところだったのです。残念なことにこれより若い地層は削り取られてほとんど残っていないため、その後の環境の変化はよくわかっていません。それでも徳之島や与論島などには一八〇万年前頃から堆積した地層（琉球層群）が分布していて、その中から有孔虫やナンノプランクトンの石灰質の殻がたくさん見つかるので、その当時から奄美群島が暖かい海に囲まれた島々だったことが分かります。

サンゴ礁とその破片が集積して固まった琉球石灰岩も琉球層群のひとつですが、これが隆起した後にできた割れ目からは、琉球列島に生息する生物の祖先の化石がいくつも見つかっています。特に注目したいのは徳之島の琉球石灰岩の割れ目に生じたトラバーチン（石灰質沈殿物）です。

大塚裕之・鹿児島大学名誉教授は一九九〇年にその中から石灰質沈殿物に固着したリュウキュウジカの骨片多数と、ヤマガメ属の甲羅や骨の破片、ハブ属の脊椎、アマミノクロウサギの歯、ケナガネズミ属とトゲネズミ属の歯を発掘しています（写真15）。リュウキュウジカの骨の放射性

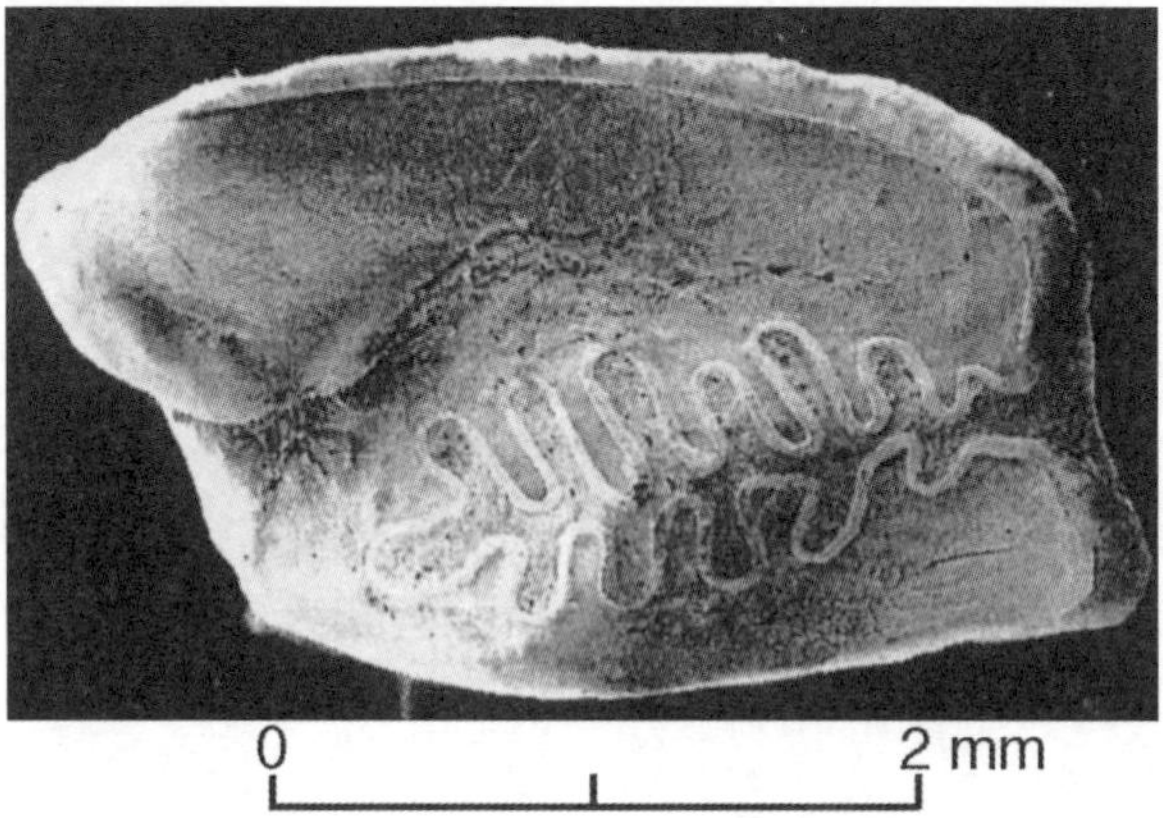

写真 15A　塩酸でエッチングしたアマミノクロウサギの上顎右大臼歯 M1（徳之島伊仙町小島産）の走査型電子顕微鏡像 (国立科学博物館 冨田幸光博士撮影)。
褶曲したエナメル質が同定の決め手となった。

写真 15B　徳之島伊仙町小島の海食崖に露出する琉球石灰岩の割れ目に沈殿したトラバーチン (大塚裕之・鹿児島大学名誉教授提供)。
リュウキュウジカの骨片が散在しており、この中からアマミノクロウサギの歯が見つかった。

炭素年代は一万六千年前ですから、ちょうど最終氷期末期で海面が現在より120mも低く、奄美大島や沖縄本島とも陸続きで、気温も低かった時期にこれらの生物が奄美群島に生息していたことがうかがえます。この後、リュウキュウジカは絶滅してしまいましたが、ほかの種または類縁種はいまでも徳之島と奄美大島に生息しています。

これらの祖先はというと、沖縄本島の一五〇万年前頃の地層からそれとわかる化石が発掘されています。発掘した大塚裕之鹿児島大学名誉教授によれば、それらは東シナ海に海域が広がって大陸と分断される前に揚子江付近から陸伝いに琉球列島に渡ってきたとする説が有力なようです。類縁種が揚子江付近一五〇万年前より古い地層にも存在していることがその根拠のひとつになっています。その後、奄美群島や周辺の島々は、海面が上昇して多くの島々に分かれてしまいました。沖縄本島など周辺の島々と海で隔てられた奄美群島で独自の進化をとげたのがアマミノクロウサギなどの固有種なのです。鹿児島大学総合研究博物館では、大塚裕之鹿児島大学名誉教授が奄美群島や沖縄諸島で採取した多数の脊椎動物化石（大塚コレクション）の整理登録作業を進めていますが、これらは琉球列島における生物種の系統変化と環境変化を知る重要なてがかりとなるはずです。

3　最新の情報技術を利用して貴重な自然生態系の保全の大切さを世界に発信！

鹿児島大学農学部　平　瑞樹

哺乳類の世界の絶滅種トップ１００にアマミノクロウサギが四十二位、オキナワトゲネズミが四十八位にランクされている。世界的にも注目される生物多様性のホットスポット（生物地理学による地域分類）がここ奄美・琉球諸島に存在する。絶滅リスクの高い生物種をこれからどのようにして保全し、後世に連綿と受け継いでいけばよいのか？人類にとっても貴重な自然生態系への理解とその保護のためのしくみづくりを地域の方々が中心となって多様なネットワークを組織しながら協働で知恵を出し合っていく必要がある。そのためには、様々な活動に従事する人材づくりも重要なテーマである。教育・研究者としては、奄美・琉球諸島の生物学的研究が十分とはいえないため、希少種の生物学的情報の収集や蓄積を推進することが緊要である。

地理情報システム（ＧＩＳ）とは、コンピュータや情報通信技術（ＩＣＴ）の発展とともに急速に進歩してきた。位置と情報を合わせ持ち、大量のデータも処理できることから、私たちはスマートフォンやカーナビなどでも知らないうちに地図が画面に表示され、目的地などの位置情報を収集しており、自ずとその恩恵にあずかっている。さらに、航空写真や人工衛星画像と重ね合わせて表示できることから、視覚的にも理解でき、まだ行ったことの無い未知の住所をストリートビューなどの車載カメラと位置情報技術の援用から探索できる。

これまで、紙地図の上に収集したデータをプロットしていたが、タブレットなどの情報端末から入力ができ、リアルタイムに情報を共有することも可能である。特に、極端気象による豪雨災害後の調査や被災箇所に必要な情報についても、その後の復旧対策に対処するために威力を発揮している。

地図をつくるにも時間とコストが必要であったが、ＵＡＶ（無人航空機）やレーザープロファイラによる精度を求められるデータや、最近話題のドローン（雄のハチの意味）のような安価で操作が容易な空中写真データなど利用目的に応じた空間情報の収集もできるようになった。これらの最新の機器を利用した生物情報のデータベースの整備が待たれるところである。

ＧＩＳの利用は、空間データの整備やデータの蓄積だけに留まらない。世界自然遺産を登録するためには、国立公園とする領域をどのように決定すれば生物の多様性が保全できるのかを考える必要がある。このような意志決定のための支援ツールとしての利用が最大の武器である。

依存固有種と呼ばれるアマミノクロウサギやトゲネズミ、ケナガネズミは、捕食性哺乳類が存在しなかったため、島嶼に閉じ込められて独自の進化を遂げてきたといわれる。大陸とつながったり、離れたりした生物の存在が地理的な現象や化石の存在からも解明されている。ところが、一九六〇年代からの人為的な森林伐採や農地の開発が生息地の喪失や分断をもたらしている。また、外来生物の捕食も一九九〇年代から急激に進み、希少な哺乳類の減少が明らかになっている。マングースやノイヌ、ノネコの位置や頭数も時系列でデータをプロットしながら駆除のための施策を考えることが必要である。

ＧＩＳで整理されたデータは主題図（図３）として、一般の方々へも提示され、自治体や関係者の今後の対応に生かされることになる。ＧＩＳの活用は、自然生態系の変化に影響を与える要因を

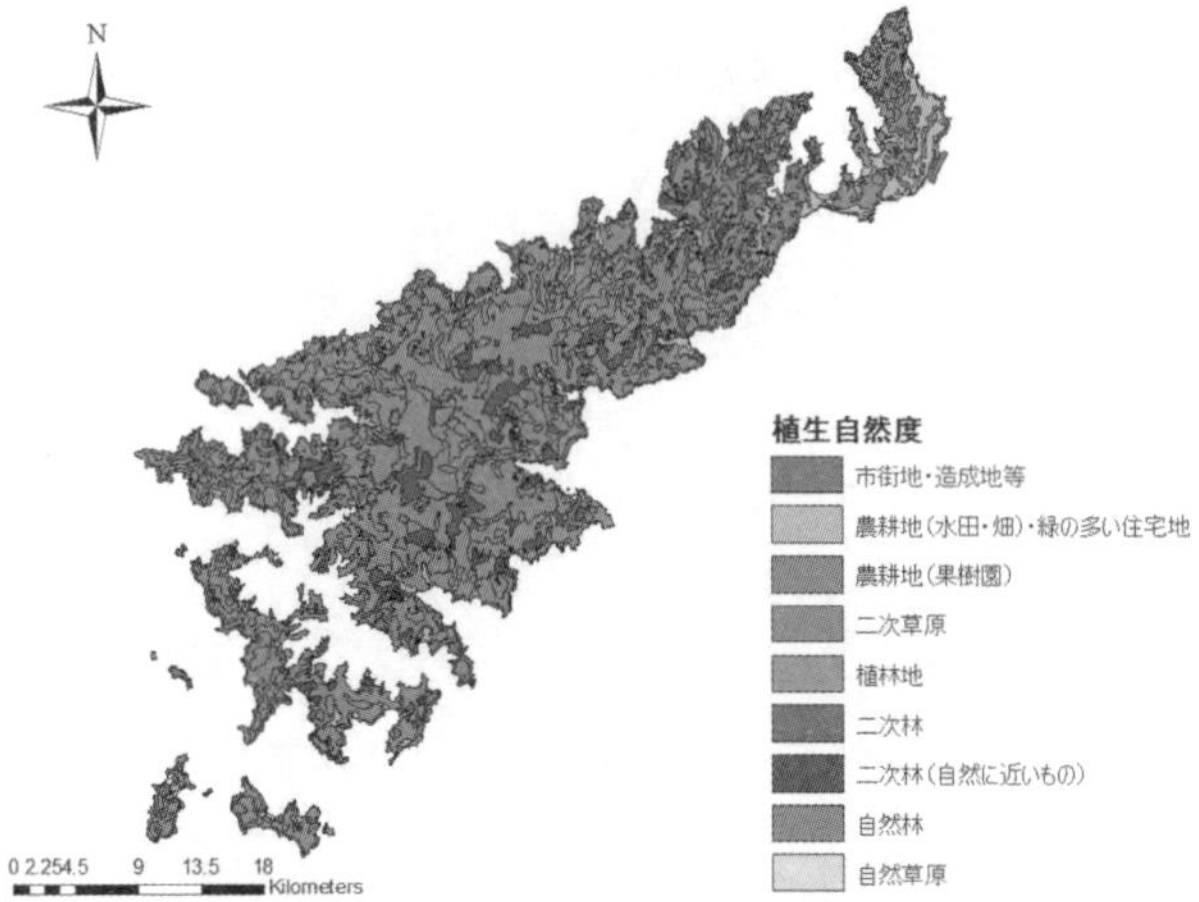

図３

GIS を用いた奄美大島の植生自然度

明らかにし、保全・管理手法の検討を行うこと、継続的なモニタリングを実施することで、過去のデータと照らしあわせながら相互関係の分析と自然とのふれあいと共存共栄のための情報発信に資する便利なツールとなる。ＧＩＳは、世界自然遺産のための領域選定（ゾーニング）を地域住民と一緒に考え、貴重な自然を世界に訴えるためにも不可欠で、依存固有種と同様にこれからも独自の進化を遂げる情報技術の一つである。

4　津波による海岸環境へのインパクト

鹿児島大学大学院理工学研究科　井村隆介

二〇一一年三月一一日に発生した東北地方太平洋沖地震。地震から数十分後に東日本の太平洋岸に押し寄せた津波は、たくさんの方々の命を奪うとともに、海辺の環境にも大きな影響を与えました。陸上に上がった津波は、土壌中に塩類をもたらして、そこにいた植物を枯らせました。引き波で持ち去られた瓦礫は、海底に堆積したりして、海の中の環境を大きく変えました。環境が突然大きく変わると、それまでそこにいた生物に代わって、その環境に適応した生物がそこに新たに生息するようになります。このような自然現象による突発的な環境撹乱も、生物多様性を考えていく上ではきわめて重要なことです。

奄美群島では、一九一一年（明治四四年）や一九九五年（平成七年）の喜界島周辺を震源とする地震で、喜界島や奄美大島の沿岸に津波が押し寄せたことが知られています。一九六〇年（昭和三五年）には、南米のチリで発生した地震の津波が奄美群島に到達して、名瀬で４ｍを超える津波を観測しています（チリ地震津波）。この時には人的被害はなかったものの、家屋の浸水、堤防の決壊、船舶の転覆・沈没等の被害がありました。この津波の時にも海岸部の環境は影響を受けたと考えられますが、その詳細についてはよくわかっていません。それどころか、奄美群島各地域で実際にどれくらいの津波の遡上高があったのか？すら、実はわかっていないのです。奄美群島を含む鹿児島県の島嶼地域では、過去の津波履歴そのものがよくわかっ

写真 16　奄美市小湊の地層（矢印の部分が津波堆積物）

ていないというのが現状なのです。

鹿児島大学の井村研究室では、奄美群島における過去の津波履歴を明らかにするために津波被害の聞き取り調査や津波堆積物の調査を行っています。このことは、奄美群島地域の地震・津波防災を進める上でも最優先の課題の一つと言えます。これまでの調査によって、チリ地震津波における奄美大島の津波遡上高が明らかになってきたほか、過去に奄美大島を襲った津波の痕跡（津波堆積物）がいくつも見つかってきました（写真16）。奄美群島の津波履歴の詳細を明らかにするためには、まだまだ、調査を続けなければなりません。

5　DNAゲノム解析と南西諸島のサツマイモ

鹿児島大学自然科学教育研究支援センター遺伝子実験施設　田浦　悟

私の勤めている施設は名前の通り、遺伝子に関連した研究を行うところです。施設は鹿児島の特産物の焼酎、黒酢等の発酵の際に使用する微生物の遺伝子の研究に関与しています。この遺伝子の研究分野の進歩は渦中にいる我々も驚くものがあります。人は十三年かけてヒトの設計図にあたるゲノムのＤＮＡの配列を解読しました。この事も驚くに値しますが、さらに最近はこれを数日でやってのける機械が登場しているのです。この解読されたＤＮＡの情報は医学をはじめ、あらゆる分野で役に立つものです。今やＤＮＡの情報はあらゆる生物における研究の基盤になっています。そんななか、大学の研究プロジェクトの再編で、我々の施設は奄美研究プレジェクトに参加する事になりました。それにより、研究の対象は南西諸島の動植物のゲノムの解読へと一変します。この地域の島々に生息する生物は独特の進化をとげたと考えられます。そのため、それらのゲノムにも独特な進化をとげた形跡が残っていると思われます。この点は大変興味深い所です。また、ゲノムのＤＮＡの情報は、現在奄美で繰り広げられている生物の研究プロジェクトにも大きな影響を与えると考えています。何しろゲノムのＤＮＡは生き物の設計図であるからです。現在、施設にこのゲノムのＤＮＡ解読のための最新の機器を整えた研究体制を準備中です。

南西諸島のサツマイモについてはその由来、どこから来たのか？に興味を持っています。サツマイモは中南米原産で、朝顔に似た花を咲かせます。野生種もあります（写真17）。サツマイモは原産地から北太平洋コース、南太平洋コース、ヨーロッパ経由コースの三つのいずれかのコースを経て日本にたどり着いたと考えられています。たどって来たサツマイモにそれぞれのコースの特徴が残っていないか、ＤＮＡを利用した研究を進めています。南西諸島のサツマイモについては二〇〇九年に農学部の修士コースに元西之表市長落合浩英氏が入学され、本人のたっての希望で安納薯（種子島のサツマイモ）の由来を研究したことに始まります。元来、農学部はサツマイモの研究が盛んで、世界のサツマイモ約二百品種ほど保存して研究に供していました。落合氏は今やっていないといずれ島独特なサツマイモはなくなるだろうと、種子島に限らず、徳之島、奄美、沖縄の在来のサツマイモを収集されました。現在、種子島の自宅の保存園でサツマイモを、それらのＤＮＡは我々の施設に、農学部のサツマイモのＤＮＡと一緒に保存しています。奄美のプロジェクトが始まるのに際し、南西諸島のサツマイモを、ＤＮＡを使って分類する試みを行っています。

写真17　サツマイモの野生種の花
（撮影：農学部温室）

6　トカラ馬のルーツを探る

鹿児島大学自然科学教育研究支援センター　河邊弘太郎

現在、わが国には八種類の在来馬が飼養されており、体高の大きさから中型馬と小型馬に分けられています。地質時代など太古の昔には、わが国にも野生馬が生息していたことは、出土した化石などから確認されていますが、現存する在来馬はそれら野生馬に由来するのではなく、野生馬が絶滅した後に海外から家畜として持ち込まれたウマ達の子孫であると考えられています。

鹿児島県には、小型の在来馬であるトカラ馬がいます（写真19）。トカラ馬は、鹿児島県南西海上のトカラ列島南端に位置する宝島に、小型の在来馬が生息していることを確認した鹿児島大学の故林田重幸教授らによって一九五三年に命名されました。当時の調査報告書によると、トカラ馬の起源は、一八九七年頃に喜界島より導入された十数頭とされ、一九四三年頃には総頭数も百頭に達したということもあり、この島の環境は馬にとって恵まれたものであったことが想像できます。しかしながら、戦後以降その頭数は年々減少しており、一九五三年に鹿児島県の文化財として天然記念物に指定され、保護対象となって現在にいたります。このような歴史を持つトカラ馬は、外来種と混ざることなく、完全に隔離的に繁殖保存されていることから極めて純粋な日本在来馬の一つといえます。

ところで、このトカラ馬は喜界島からもたらされたとのことですが、それ以前はどこからやってきたのでしょうか?その疑問に答えるべく、故林田教授をはじめとして多くの研究者がこの問題に取り組んでこられました。わが国で馬の化石が出土している先史時代の遺跡は、鹿児島県の出水をはじめ多数あります。なかでも縄文時代の遺跡からは、現在でいうところの小型馬とみられる大きさの化石が多数出土し、弥生以降の遺跡からは中型馬とみられる化石が多数出土しています。このような考古学的史料と現存しているトカラ馬を含めた在来馬の比較より、故林田教授のグループは、わが国へのウマの渡来が、

写真18　トカラ馬

蒙古を起源として大陸から朝鮮半島を経てもたらされた中型馬と中国大陸南部を起源として南西諸島経由でもたらされた小型馬という、二回の大きな馬の渡来があったとする学説を提唱されました。これに対して、現存している在来馬たちの血液中に含まれるタンパク質や酵素の遺伝子に注目して、広くアジア全域の在来馬と比較した研究の成果から立てられたのが京都大学名誉教授の野澤 謙博士による、日本の在来馬は一度に来たとする学説です。

これら二つの学説についての議論は、現在もＤＮＡレベルでの検討によって継続されており、筆者もその末席にて取り組んでいます。多くの研究者の力により、徐々にその決着が見えてきつつありますが、このような興味深い研究ができるのも、トカラ列島を含めた島嶼地域があってのことであり、地理的な偶然、自然の恵みや地域の人々と動物たちとの関わりに対して畏敬の念を抱かずにはいられません。

刊行の辞

鹿児島大学は、本土最南端に位置する総合大学として、伝統的に南方地域に深い学問的関心を抱き続けてきており、多くの研究により成果あげてきました。そのような伝統を基に、国際島嶼教育研究センターは鹿児島大学憲章に基づき、「鹿児島県島嶼域～アジア・太平洋島嶼域」における鹿児島大学の教育および研究戦略のコアとしての役割を果たす施設とし、将来的には、国内外の教育・研究者が集結可能で情報発信力のある全国共同利用・共同研究施設としての発展を目指しています。

国際島嶼教育研究センターの歴史の始まりは、昭和五六年から七年間存続した南方海域研究センターで、その後昭和六三年から十年間存続した南太平洋海域研究センター、そして平成一〇年から十二年間存続した多島圏研究センターです平成二二年四月に多島圏研究センターから改組され、現在、国際島嶼教育研究センターとして鹿児島県島嶼からアジア太平洋島嶼部を対象に教育研究を行なっている組織です。

鹿児島県島嶼を含むアジア太平洋島嶼部では、現在、環境問題、環境保全、領土問題、持続的発展など多岐にわたる課題や問題が多く存在します。国際島嶼教育研究センターは、このような問題にたいして、文理融合的かつ分野横断的なアプローチで教育・研究を推進してきました。現在までの多くの成果を学問分野での発展のために貢献してきましたが、今後は高校生、大学生などの将来の人材への育成や一般の方への知の還元をめざしていきたいと考えています。この目的への第一歩として鹿児島大学島嶼研ブックレットの出版という形で、本目的を目指せたらと考えています。本ブックレットが多くの方の手元に届き、島嶼の発展の一翼を担えれば幸いです。

二〇一五年三月

国際島嶼教育研究センター長

河合　渓

[編者]

鈴木英治　（すずき　えいじ）

【陸上植物担当】鹿児島大学大学院理工学研究科教授、鹿児島大学総合博物館長。専門は植物生態学。

桑原季雄　（くわはら　すえお）

【人と自然担当】鹿児島大学大学法文学部教授。専門は文化人類学。

平　瑞樹　（ひら　みずき）

【基礎担当】鹿児島大学農学部助教。専門は農業土木学・農村計画学・農地環境保全学。

山本智子　（やまもと　ともこ）

【水圏担当】鹿児島大学水産学部准教授。専門は海洋生態学。

坂巻祥孝　（さかまき　よしたか）

【陸上動物担当】鹿児島大学農学部准教授。専門は農業昆虫学・昆虫体系学。

河合　渓　（かわい　けい）

鹿児島大学国際島嶼教育研究センター教授。専門は海洋生物学。

鹿児島大学島嶼研ブックレット　No.4

生物多様性と保全—奄美群島を例に—（上）

陸上植物・陸上動物・基礎　編

2016年6月17日　第1版第2刷発行

発行者　鹿児島大学国際島嶼教育研究センター
発行所　北斗書房
〒132-0024　東京都江戸川区一之江8の3の2（MMビル）
電話 03-3674-5241　FAX03-3674-5244
URL　Http//www.gyokyo.co.jp

定価は表紙に表示してあります

ISBN978-4-89290-037-2 C0040